2023年版

消防安全标准化应知应会手册

（基础知识分册）

中国航天科工集团有限公司安全保障部　组编

气象出版社
China Meteorological Press

内容简介

本书以试题的形式普及消防法律法规、消防基本常识等消防安全应知应会知识，其中消防法律法规内容来源于国家消防法律法规和标准规范等，消防基本常识内容涉及防火、灭火和应急救援等。本书是针对普通员工和志愿消防员的基础知识分册，包括公共知识、志愿消防员两章，每章包括基础知识和应知应会试题两个部分，试题包括选择题、判断题、简答题三种题型。为便于学习和掌握，书中全部试题均给出了相应的参考答案。本书可作为消防安全教育培训参考用书和消防安全知识普及用书。

图书在版编目（CIP）数据

消防安全标准化应知应会手册. 基础知识分册 / 中国航天科工集团有限公司安全保障部组编. -- 北京 : 气象出版社, 2023.10（2024.6重印）
ISBN 978-7-5029-8074-0

Ⅰ. ①消… Ⅱ. ①中… Ⅲ. ①消防－安全管理－标准化管理－手册 Ⅳ. ①TU998.1-62

中国国家版本馆CIP数据核字(2023)第197911号

Xiaofang Anquan Biaozhunhua Yingzhi Yinghui Shouce（Jichu Zhishi Fence）

消防安全标准化应知应会手册（基础知识分册）

出版发行：气象出版社
地　　址：北京市海淀区中关村南大街 46 号　**邮政编码**：100081
电　　话：010－68407112（总编室）　010－68408042（发行部）
网　　址：http://www.qxcbs.com　E－mail：qxcbs@cma.gov.cn
责任编辑：彭淑凡　**终　　审**：张　斌
责任校对：张硕杰　**责任技编**：赵相宁
封面设计：艺点设计
印　　刷：三河市君旺印务有限公司
开　　本：850 mm × 1168 mm　1/32　**印　　张**：2.75
字　　数：67 千字
版　　次：2023 年 10 月第 1 版　**印　　次**：2024 年 6 月第 4 次印刷
定　　价：18.00 元

本书编写组

齐龙涛　贺　娇　吴　凯　李　捷　司丹丹
缪　涛　于　猛　吴　迪　崔琦琦　武　颖
师　轩　肖　坤　代传道　陶迎秋　刘　伟
王戎戎　郭　靖　晏宏云　郭海滨　宋　磊
戴沛霞　闫　絮　李节利　尤　飞　孔令剑
李　薇　杜裕鹏　陈　霰　姚洪涛　任希楠
黄雷彤　于　亮　孙文武　祁　明　许逢材
赵晓鹏　杜　峰　刘远航　工明明　李玉平
晋安东　何竟恺　褚燕京　陈　颖　张舒惠
姚　仪

前　言

火灾是严重危害人类生命财产安全、直接影响社会发展和稳定的一种常见灾害。为深入贯彻落实党中央、国务院关于做好消防安全工作的各项要求，大力宣传国家消防安全法律法规、标准规范，帮助各类人员明确消防安全职责、掌握岗位消防安全知识，提升全员消防安全意识，坚决防范和遏制各类火灾事故发生，本书编写组在2020年版《消防安全标准化应知应会手册》基础上，对内容进行了更新和修订，编写了2023年版《消防安全标准化应知应会手册》(以下简称《手册》，包括基础知识分册、管理分册和技术分册)。

《手册》结合最新的法律、法规、标准、规范及实践经验，具有较强的针对性和适用性。《手册》紧扣落实单位全员消防安全责任制，按照不同的岗位类别，将单位人员分为普通员工、志愿消防员、消防安全责任人、消防安全管理人、专兼职消防安全管理人员、消防控制室值班人员、专职消防队和微型消防站人员、动火作业人员。为方便查阅，《手册》细分为《消防安全标准化应知应会手册（基础知识分册）》《消防安全标准化应知应会手册（管理分册）》《消防安全标准化应知应会手册（技术分册）》三种。

《手册》各章包括基础知识和应知应会试题两个部分，基础知识涵盖国家最新消防法律法规、标准规范和防火、灭火、应急救援等知识；应知应会试题由基础知识改编而成，分为选择题、判断题、简答题三种题型，并给出相应的参考答案。后面还在附录中列出了消防相关法律法规标准文件名录。

《手册》各部分内容简单明了、通俗易懂，可作为消防安全教育培训参考用书和消防安全知识普及用书。

《手册》主要参考《中华人民共和国消防法》、《机关、团体、企业、事业单位消防安全管理规定》（中华人民共和国公安部令第61号）、《高层民用建筑消防安全管理规定》（中华人民共和国应急管理部令第5号）、《建筑防火通用规范》（GB 55037—2022）、《火灾自动报警系统设计规范》（GB 50116—2013）、《高层建筑火灾扑救行动指南》（XF/T 1191—2014）等法律法规和标准规范编写而成，在此对这些文件的编写人员表示衷心的感谢。

本册为《消防安全标准化应知应会手册（基础知识分册）》，包括公共知识（各分册相同）和志愿消防员两章，适用于单位普通员工和志愿消防员。

由于编者水平有限，书中难免存在疏漏和不当之处，敬请广大读者提出宝贵意见，以便持续改进！

编写组

2023年9月

目录

第一章　公共知识

第一部分　基础知识

1.《中华人民共和国消防法》立法目的是什么?

答: 为了预防火灾和减少火灾危害，加强应急救援工作，保护人身、财产安全，维护公共安全，制定本法。

2. 依据《中华人民共和国消防法》，我国的消防工作方针和原则分别是什么?

答: 消防工作贯彻预防为主、防消结合的方针，按照政府统一领导、部门依法监管、单位全面负责、公民积极参与的原则，实行消防安全责任制，建立健全社会化的消防工作网络。

3. 依据《中华人民共和国消防法》，单位和个人在消防工作中的权利和义务有哪些?

答: 任何单位和个人都有维护消防安全、保护消防设施、预防火灾、报告火警的义务。任何单位和成年人都有参加有组织的灭火工作的义务。任何单位和个人都有权对住房和城乡建设主管部门、消防救援机构及其工作人员在执法中的违法行为进行检举、控告。收到检举、控告的机关，应当按照职责及时查处。

4. 依据《中华人民共和国消防法》，是否可以在具有火灾、

爆炸危险的场所吸烟、使用明火？

答：不可以。禁止在具有火灾、爆炸危险的场所吸烟、使用明火。因施工等特殊情况需要使用明火作业的，应当按照规定事先办理审批手续，采取相应的消防安全措施；作业人员应当遵守消防安全规定。

5．依据《中华人民共和国消防法》，消防产品必须符合什么要求？尚未制定国家标准、行业标准的消防产品应当符合什么要求？

答：消防产品必须符合国家标准；没有国家标准的，必须符合行业标准。禁止生产、销售或者使用不合格的消防产品以及国家明令淘汰的消防产品。

依法实行强制性产品认证的消防产品，由具有法定资质的认证机构按照国家标准、行业标准的强制性要求认证合格后，方可生产、销售、使用。实行强制性产品认证的消防产品目录，由国务院产品质量监督部门会同国务院应急管理部门制定并公布。

新研制的尚未制定国家标准、行业标准的消防产品，应当按照国务院产品质量监督部门会同国务院应急管理部门规定的办法，经技术鉴定符合消防安全要求的，方可生产、销售、使用。

依照本条规定经强制性产品认证合格或者技术鉴定合格的消防产品，国务院应急管理部门应当予以公布。

6．依据《中华人民共和国消防法》，单位和个人是否可以损坏、挪用或者擅自拆除、停用消防设施、器材？

答：不可以。任何单位、个人不得损坏、挪用或者擅自拆除、停用消防设施、器材，不得埋压、圈占、遮挡消火栓或者占用防火间距，不得占用、堵塞、封闭疏散通道、安全出口、消防车通道。

7. 依据《中华人民共和国消防法》，发生火灾时单位和个人应当怎么做？在进行火灾扑救时，消防救援机构应当优先保障什么？

答：任何人发现火灾都应当立即报警。任何单位、个人都应当无偿为报警提供便利，不得阻拦报警。严禁谎报火警。人员密集场所发生火灾，该场所的现场工作人员应当立即组织、引导在场人员疏散。任何单位发生火灾，必须立即组织力量扑救。邻近单位应当给予支援。

消防队接到火警，必须立即赶赴火灾现场，救助遇险人员，排除险情，扑灭火灾。消防救援机构统一组织和指挥火灾现场扑救，应当优先保障遇险人员的生命安全。

8. 依据《中华人民共和国消防法》，对于前往执行火灾扑救或者应急救援任务的消防车、消防艇，有哪些行驶和运输规定？

答：消防车、消防艇前往执行火灾扑救或者应急救援任务，在确保安全的前提下，不受行驶速度、行驶路线、行驶方向和指挥信号的限制，其他车辆、船舶以及行人应当让行，不得穿插超越；收费公路、桥梁免收车辆通行费。交通管理指挥人员应当保证消防车、消防艇迅速通行。

赶赴火灾现场或者应急救援现场的消防人员和调集的消防装备、物资，需要铁路、水路或者航空运输的，有关单位应当优先运输。

9. 依据《中华人民共和国消防法》，火灾扑灭后，发生火灾的单位和相关人员应当配合消防救援机构做哪些事情？

答：消防救援机构有权根据需要封闭火灾现场，负责调查火灾原因，统计火灾损失。火灾扑灭后，发生火灾的单位和相关人员应当按照消防救援机构的要求保护现场，接受事故调查，如实提供与火灾有关的情况。消防救援机构根据火灾现场勘验、调查情况和有关的检验、鉴定意见，及时制作火灾事故认定书，作为处理火灾事故的证据。

10. 依据《中华人民共和国消防法》，消防救援机构在消防监督检查中发现火灾隐患时应当如何处置？

答：消防救援机构在消防监督检查中发现火灾隐患的，应当通知有关单位或者个人立即采取措施消除隐患；不及时消除隐患可能严重威胁公共安全的，消防救援机构应当依照规定对危险部位或者场所采取临时查封措施。

11. 单位违反《中华人民共和国消防法》规定，存在哪些行为，责令改正，并处五千元以上五万元以下罚款？

答：单位违反本法规定，有下列行为之一的，责令改正，处五千元以上五万元以下罚款：

（1）消防设施、器材或者消防安全标志的配置、设置不符合国家标准、行业标准，或者未保持完好有效的；

（2）损坏、挪用或者擅自拆除、停用消防设施、器材的；

（3）占用、堵塞、封闭疏散通道、安全出口或者有其他妨碍安全疏散行为的；

（4）埋压、圈占、遮挡消火栓或者占用防火间距的；

（5）占用、堵塞、封闭消防车通道，妨碍消防车通行的；

（6）人员密集场所在门窗上设置影响逃生和灭火救援的障碍物的；

（7）对火灾隐患经消防救援机构通知后不及时采取措施消

除的。

个人有前款第二项、第三项、第四项、第五项行为之一的，处警告或者五百元以下罚款。

有本条第一款第三项、第四项、第五项、第六项行为，经责令改正拒不改正的，强制执行，所需费用由违法行为人承担。

12. 违反《中华人民共和国消防法》规定，存在哪些行为，尚不构成犯罪的，处十日以上十五日以下拘留，可以并处五百元以下罚款，情节较轻的，处警告或者五百元以下罚款？

答：违反消防法规定，有下列行为之一，尚不构成犯罪的，处十日以上十五日以下拘留，可以并处五百元以下罚款；情节较轻的，处警告或者五百元以下罚款：

（1）指使或者强令他人违反消防安全规定，冒险作业的；

（2）过失引起火灾的；

（3）在火灾发生后阻拦报警，或者负有报告职责的人员不及时报警的；

（4）扰乱火灾现场秩序，或者拒不执行火灾现场指挥员指挥，影响灭火救援的；

（5）故意破坏或者伪造火灾现场的；

（6）擅自拆封或者使用被消防救援机构查封的场所、部位的。

13. 什么是失火罪？依据《中华人民共和国刑法》失火罪的量刑标准是什么？

答：失火罪，是指过失引起火灾，危害公共安全，致人伤、死亡或者使公私财产遭受重大损失的行为。根据《中华人民共和国刑法》第一百一十五条第二款，犯失火罪的，处 3 年以上 7 年以下有期徒刑；情节较轻的，处 3 年以下有期徒刑或拘役。

14. 依据《机关、团体、企业、事业单位消防安全管理规定》（中华人民共和国公安部令第61号），消防安全重点单位应当多长时间对每名员工进行一次消防安全培训？宣传教育和培训应当包括哪些内容？是否需要对新上岗和进入新岗位的员工进行上岗前的消防安全培训？

答：单位应当通过多种形式开展经常性的消防安全宣传教育。消防安全重点单位对每名员工应当至少每年进行一次消防安全培训。宣传教育和培训内容应当包括：

（1）有关消防法规、消防安全制度和保障消防安全的操作规程；

（2）本单位、本岗位的火灾危险性和防火措施；

（3）有关消防设施的性能、灭火器材的使用方法；

（4）报火警、扑救初起火灾以及自救逃生的知识和技能。

公众聚集场所对员工的消防安全培训应当至少每半年进行一次，培训的内容还应当包括组织、引导在场群众疏散的知识和技能。

单位应当组织新上岗和进入新岗位的员工进行上岗前的消防安全培训。

15. 依据《机关、团体、企业、事业单位消防安全管理规定》（中华人民共和国公安部令第61号），单位应当如何管理疏散通道和安全出口？

答：单位应当保障疏散通道、安全出口畅通，并设置符合国家规定的消防安全疏散指示标志和应急照明设施，保持防火门、防火卷帘、消防安全疏散指示标志、应急照明、机械排烟送风、火灾事故广播等设施处于正常状态。

严禁下列行为：

（1）占用疏散通道；

（2）在安全出口或者疏散通道上安装栅栏等影响疏散的障碍物；

（3）在营业、生产、教学、工作等期间将安全出口上锁、遮挡或者将消防安全疏散指示标志遮挡、覆盖；

（4）其他影响安全疏散的行为。

16. 依据《机关、团体、企业、事业单位消防安全管理规定》（中华人民共和国公安部令第61号），单位发生火灾时、火灾扑灭后应当怎么做？

答： 单位发生火灾时，应当立即实施灭火和应急疏散预案，务必做到及时报警，迅速扑救火灾，及时疏散人员。邻近单位应当给予支援。任何单位、人员都应当无偿为报火警提供便利，不得阻拦报警。

单位应当为公安消防机构抢救人员、扑救火灾提供便利和条件。

火灾扑灭后，起火单位应当保护现场，接受事故调查，如实提供火灾事故的情况，协助公安消防机构调查火灾原因，核定火灾损失，查明火灾事故责任。未经公安消防机构同意，不得擅自清理火灾现场。

17. 依据《生产安全事故报告和调查处理条例》，请简述火灾等级的分类？

答： 火灾等级分为特别重大火灾、重大火灾、较大火灾、一般火灾四个等级。

18. 依据《火灾事故调查规定》（中华人民共和国公安部令第

108号、121号），火灾事故调查的任务是什么？

答：火灾事故调查的任务是调查火灾原因，统计火灾损失，依法对火灾事故作出处理，总结火灾教训。

19. 依据《公共娱乐场所消防安全管理规定》（中华人民共和国公安部令第39号），是否可以在公共娱乐场所内存放易燃易爆物品？公共娱乐场所营业时是否可以进行设备检修、电气焊、油漆粉刷等施工、维修作业？

答：公共娱乐场所内严禁带入和存放易燃易爆物品。严禁在公共娱乐场所营业时进行设备检修、电气焊、油漆粉刷等施工、维修作业。

20. 依据《安全色》（GB 2893—2008），安全色中的红色、蓝色、黄色和绿色分别表示什么？

答：红色：传递禁止、停止、危险或提示消防设备、设施的信息；

蓝色：传递必须遵守规定的指令性信息；

黄色：传递注意、警告的信息；

绿色：传递安全的提示性信息。

21. 依据《建筑消防设施的维护管理》（GB 25201—2010），消防控制室值班人员接到报警信号后，应当如何处理？

答：消防控制室值班人员接到报警信号后，应按下列程序进行处理：

（1）接到火灾报警信息后，应以最快方式确认。

（2）确认属于误报时，查找误报原因并填写《建筑消防设施故障维修记录表》。

（3）火灾确认后，立即将火灾报警联动控制开关转入自动状态（处于自动状态的除外），同时拨打“119”火警电话报警。

（4）立即启动单位内部灭火和应急疏散预案，同时报告单位消防安全责任人。单位消防安全责任人接到报告后应立即赶赴现场。

22. 依据《建筑灭火器配置验收及检查规范》（GB 50444—2008）灭火器的进场检查应符合哪些要求？

答：灭火器的进场检查应符合下列要求：

（1）灭火器应符合市场准入的规定，并应有出厂合格证和相关证书；

（2）灭火器的铭牌、生产日期和维修日期等标志应齐全；

（3）灭火器的类型、规格、灭火级别和数量应符合配置设计要求；

（4）灭火器筒体应无明显缺陷和机械损伤；

（5）灭火器的保险装置应完好；

（6）灭火器压力指示器的指针应在绿区范围内；

（7）推车式灭火器的行驶机构应完好。

检查数量：全数检查。

检查方法：观察检查，资料检查。

23. 依据《建设工程施工现场消防安全技术规范》（GB 50720—2011），施工现场用火应符合哪些规定？

答：施工现场用火应符合下列规定：

（1）动火作业应办理动火许可证；动火许可证的签发人收到动火申请后，应前往现场查验并确认动火作业的防火措施落实后，再签发动火许可证。

（2）动火操作人员应具有相应资格。

（3）焊接、切割、烘烤或加热等动火作业前，应对作业现场的可燃物进行清理；作业现场及其附近无法移走的可燃物应采用不燃材料对其覆盖或隔离。

（4）施工作业安排时，宜将动火作业安排在使用可燃建筑材料的施工作业前进行。确需在使用可燃建筑材料的施工作业之后进行动火作业时，应采取可靠的防火措施。

（5）裸露的可燃材料上严禁直接进行动火作业。

（6）焊接、切割、烘烤或加热等动火作业应配备灭火器材，并应设置动火监护人进行现场监护，每个动火作业点均应设置1个监护人。

（7）五级（含五级）以上风力时，应停止焊接、切割等室外动火作业；确需动火作业时，应采取可靠的挡风措施。

（8）动火作业后，应对现场进行检查，并应在确认无火灾危险后，动火操作人员再离开。

（9）具有火灾、爆炸危险的场所严禁明火。

（10）施工现场不应采用明火取暖。

（11）厨房操作间炉灶使用完毕后，应将炉火熄灭，排油烟机及油烟管道应定期清理油垢。

24. 依据《防火卷帘、防火门、防火窗施工及验收规范》（GB 50877—2014），防火门应向什么方向开启？

答：除特殊情况外，防火门应向疏散方向开启，防火门在关闭后应从任何一侧手动开启。

25. 依据《建筑防火通用规范》（GB 55037—2022），疏散出口门关闭后应从哪一侧可以开启？开启时是否可以减少楼梯平台或疏散走道的有效净宽度？

答：疏散出口门应能在关闭后从任何一侧手动开启。开向疏散楼梯（间）或疏散走道的门在完全开启时，不应减少楼梯平台或疏散走道的有效净宽度。

26. 依据《建筑防火通用规范》（GB 55037—2022），在进行建筑内部装修时应注意哪些消防安全事项？

答：建筑内部装修不应擅自减少、改动、拆除、遮挡消防设施或器材及其标识、疏散指示标志、疏散出口、疏散走道或疏散横通道，不应擅自改变防火分区或防火分隔、防烟分区及其分隔，不应影响消防设施或器材的使用功能和正常操作。

27. 依据《火灾分类》（GB/T 4968—2008），火灾分类有哪些？

答：依据《火灾分类》（GB/T 4968—2008），火灾分为如下六类：

（1）A 类火灾：固体物质火灾。这种物质通常具有有机物性质，一般在燃烧时能产生灼热的余烬。

（2）B 类火灾：液体或可熔化的固体物质火灾。

（3）C 类火灾：气体火灾。

（4）D 类火灾：金属火灾。

（5）E 类火灾：带电火灾。物体带电燃烧的火灾。

（6）F 类火灾：烹饪器具内的烹饪物（如动植物油脂）火灾。

28. 消防安全“四个能力”指的是什么内容？

答：检查消除火灾隐患能力，扑救初期火灾能力，组织人员疏散逃生能力，消防宣传教育培训能力。

（1）检查消除火灾隐患能力：查用火用电，禁违章操作；查通道出口，禁堵塞封闭；查设施器材，禁损坏挪用；查重点部位，禁失控漏管。

（2）扑救初期火灾能力：发现火灾后，起火部位员工1分钟内形成第一灭火力量；火灾确认后，单位3分钟内形成第二灭火力量。

（3）组织疏散逃生能力：熟悉疏散通道，熟悉安全出口，掌握疏散程序，掌握逃生技能。

（4）消防宣传教育能力：有消防宣传人员，有消防宣传标识，有全员培训机制，掌握消防安全常识。

29. 燃烧发生和发展的必要条件是什么？

答：燃烧的发生和发展，必须具备三个必要条件，即可燃物、助燃物和引火源，通常称为燃烧三要素，当燃烧发生时，上述三个条件必须同时具备，如果有一个条件不具备，那么燃烧就不会发生。

30. 固体燃烧的特点有哪些？

答：固体燃烧的特点：

（1）蒸发燃烧：可熔化的可燃性固体受热升华或熔化后蒸发，产生可燃气体进而发生的有焰燃烧，称为蒸发燃烧。发生蒸发燃烧的固体，在燃烧前受热只发生相变，而成分不发生变化。一旦火焰稳定下来，火焰传热给蒸发表面，促使固体不断蒸发或升华燃烧，直至燃尽为止。

（2）分解燃烧：分子结构复杂的固体可燃物，在受热后分解出其组成成分及与加热温度相应的热分解产物，这些分解产物再氧化燃烧，称为分解燃烧。

（3）表面燃烧：可燃物受热不发生热分解和相变，可燃物质在被加热的表面上吸附氧，从表面开始呈余烬的燃烧状态叫表面燃烧（也叫无火焰的非均相燃烧）。

（4）阴燃：阴燃是指物质无可见光的缓慢燃烧，通常产生烟和温度升高的迹象。这种燃烧看不见火苗，可持续数天甚至数十天，不易发现。

31. 什么是粉尘爆炸？粉尘爆炸的条件有哪些？

答：粉尘爆炸，是指悬浮在空气中的粉尘，达到一定的浓度形成爆炸性混合物，遇到火源迅速燃烧引起的爆炸。粉尘爆炸化学反应速度极快，具有很强的破坏力。

粉尘爆炸的条件有：

（1）粉尘本身具有可燃性或者爆炸性；

（2）粉尘必须悬浮在空气中并与空气或氧气混合达到爆炸极限；

（3）有足以引起粉尘爆炸的热能源，即点火源；

（4）粉尘具有一定扩散性；

（5）粉尘在密封空间会产生爆炸，如制粒烘箱、沸腾干燥机都会发生乙醇、水粉尘爆炸。

32. 粉尘爆炸有什么特点？

答：粉尘爆炸的特点是：

（1）多次爆炸是粉尘爆炸的最大特点。第一次爆炸气浪，会把沉积在设备或地面上的粉尘吹扬起来，在爆炸后短时间内爆炸中心区会形成负压，周围的新鲜空气便由外向内填补进来，与扬起的粉尘混合，从而引发二次爆炸。二次爆炸时，粉尘浓度会更高，其破坏性也更大。

（2）粉尘爆炸产生的能量大，爆炸温度可达到2000～3000 ℃，最大爆炸压力可达700 kPa。

（3）发生粉尘爆炸时，爆炸燃烧物飞出，易引发大范围火灾，造成局部严重炭化和人体严重烧伤。

（4）粉尘爆炸中伴随着不完全燃烧，燃烧气体中含有大量的 CO 和其他有毒气体，容易引起人员中毒。

33. 爆炸浓度极限的概念是什么？其在消防中的意义主要有哪些？

答：爆炸极限一般认为是物质发生爆炸必须具备的浓度范围。对于可燃气体、液体蒸气和粉尘等不同形态的物质，通常以与空气混合后的体积分数或单位体积中的质量等来表示遇火源会发生爆炸的最高或最低的浓度范围，称为爆炸浓度极限，简称爆炸极限。能引起爆炸的最高浓度称爆炸上限，能引起爆炸的最低浓度称爆炸下限，上限和下限之间的间隔称爆炸范围。

爆炸极限在消防中的应用有以下几方面：

（1）爆炸极限是评定可燃气体火灾危险性大小的依据，爆炸范围越大，下限越低，火灾危险性就越大；

（2）爆炸极限是评定气体生产、储存场所火险类别的依据，也是选择电气防爆型式的依据；

（3）根据爆炸极限可以确定建筑物耐火等级、层数、面积、防火墙占地面积、安全疏散距离和灭火设施；

（4）根据爆炸极限，确定安全操作规程，例如，采用可燃气体或蒸气氧化法生产时，应使可燃气体或蒸气与氧化剂的配比处于爆炸极限范围以外，若处于或接近爆炸极限范围进行生产时，应充惰性气体稀释和保护。

34. 物质在空气中发生缓慢氧化和燃烧的共同点是什么？

答：物质在空气中发生缓慢氧化、燃烧的共同点是都是与氧发生的氧化反应，并且会都放出热量。有些氧化反应进行得很慢，甚至不容易被察觉，这种氧化叫做缓慢氧化。如动植物呼吸、食物腐烂、酒和醋的酿造等氧化反应属于放热反应。燃烧，是指可燃物与氧化剂作用发生的放热反应，通常伴有火焰、发光、发烟的现象。物质燃烧需要同时具备可燃物、助燃物和着火源这三要素。

35. 灭火的基本原理有哪些？

答：灭火就是破坏燃烧条件使燃烧反应终止的过程，其基本原理归纳为以下四个方面：冷却、窒息、隔离和化学抑制。前三种灭火作用主要是物理作用，化学抑制是化学作用。

（1）冷却灭火。对一般可燃物来说，能够持续燃烧的条件之一就是它们在火焰或热的作用下达到了各自的着火温度。因此，对一般可燃物火灾，将可燃物冷却到其燃点或闪点以下，燃烧反应就会终止。水的灭火机理主要是冷却作用。

（2）窒息灭火。各种可燃物的燃烧都必须在其最低氧气浓度以上进行，否则燃烧不能持续进行。因此，通过降低燃烧物周围的氧气浓度可以起到灭火的作用。通常使用的二氧化碳、氮气、水蒸气等的灭火机理主要是窒息作用。

（3）隔离灭火。把可燃物与引火源或氧气隔离开来，燃烧反应就会自动终止。火灾中，关闭有关阀门，切断流向着火区的可燃气体或液体的通道；同时打开有关阀门，使已经发生燃烧的容器或受到火势威胁的容器中的液体可燃物通过管道转移到安全区域，都是隔离灭火的措施。

（4）化学抑制灭火。就是使用灭火剂与链式反应的中间体自由基反应，从而使燃烧的链式反应中断，使燃烧不能持续进行。常用的干粉灭火剂、卤代烷灭火剂的主要灭火机理就是化学抑制作用。

36. 扑灭火灾最有利时机是什么阶段？

答：火灾初起阶段是扑灭火灾的最有利时机。火灾初起阶段，是物质在起火后的几分钟里，具有燃烧面积不大、烟气流动缓慢、火焰辐射热量不多、周围物品和建筑结构温度上升不快的特点，这个阶段是扑救的最佳时机。

37. 哪些火灾不能用水扑灭？

答：以下火灾不能用水扑灭：

（1）电器火灾

发生火灾时，首先要切断电源，在无法断电的情况下千万不能用水或泡沫扑救，因为水和泡沫都能导电。应用二氧化碳、干粉灭火器或者干沙土进行扑救，而且要与电器设备和电线保持2米以上的距离。

（2）油锅火灾

油锅起火时，千万不能用水浇。因为水遇到热油会形成“炸锅”，使油火到处飞溅。扑救方法是，迅速将切好的冷菜沿边倒入锅内，火就自动熄灭了。另一种方法是用锅盖或能遮住油锅的大块湿布遮盖到起火的油锅上，使燃烧的油火接触不到空气缺氧窒息。

（3）汽油火灾

汽油的密度比水小，如果汽油着火用水扑救，密度大的水往下沉，轻质的汽油往上浮，浮在水面上的汽油仍会继续燃烧，并且汽油会随着水到处蔓延，扩大燃烧面积，危及其他货物和周围建筑物的安全。

遇到汽油着火，应立即用泡沫、二氧化碳和干粉灭火器等灭火工具灭火，严禁用水扑救。

（4）油漆火灾

油漆起火千万不能用水浇。应用泡沫、干粉、1211灭火器具或沙土进行扑救。

（5）化学危险物品火灾

在学校实验室常存放有一定量的硫酸、硝酸、盐酸、碱金属（如钾、钠、锂）及易燃金属铝粉、镁粉等，这些化学物品遇水后极易发生反应或燃烧，是绝对不能用水扑救的。碳化钾、碳化钠、碳化铝和碳化钙以及氢化钾、氢化镁等遇水能发生化学反应，放出大量热，可能引起着火和爆炸。

（6）碱金属（如钾、钠、锂粉）火灾

因为水遇碱金属后，发生剧烈化学反应生成大量氢气，释放出大量的热，容易引起爆炸。这种火灾，要正确选择灭火剂，合理利用本地资源。

（7）金属碳化物、氢气物火灾

碳化物（如电石）、氢化物遇水分解并释放出大量的热，易使燃烧扩大或发生爆炸。

（8）硫酸、硝酸、盐酸火灾

此类火灾不宜用强大的水流扑救，因为酸遇水冲击，引起飞溅、流出伤人，流出的酸与可燃物质接触后，有引起燃烧的危险。但在必要时，可用喷雾水流扑救。比水轻或不溶于水的易燃液体火灾原则上是不可以用水扑救的，但原油、重油可以用喷雾水流扑救。

（9）熔化的铁水、钢水火灾

因为灼热的物体与水接触，有引起爆炸的危险。因为水遇上千度的高温，很快汽化，体积突然膨胀到5000倍以上，引起物理性爆炸。同时水蒸气在1000 ℃以上时，能分解成氢和氧，引起化学性爆炸。

（10）高压电器装置火灾

在没有良好的接地设备或没有切断电源的情况下，一般是不能用水扑救的。一是水有导电性，易造成电器设备短路烧毁；二是容易发生高压电流沿水柱传到消防器械上使消防人员接触电造成伤亡。

38. 发生火灾时的正确做法是什么？

答： 在火灾中，被困人员应有良好的心理素质，保持镇静，不要惊慌，不盲目行动，应选择最有利的逃生方法。发生火灾后，会产生浓烟，遇到浓烟时要马上停下来，千万不要试图从烟火里出来，在浓烟中应用湿毛巾捂住口鼻并采取低姿势爬行逃离。火灾被困人员应当利用周围一切可利用的条件逃生，禁止搭乘电梯逃生。身处险境，应尽快撤离，不要因顾及贵重物品，而把逃生时间浪费在寻找、搬离贵重物品上。

39. 发生火灾时，为什么不能随便开启门窗？

答： 因为房间门窗紧闭时，空气不流畅，室内供氧不足，因此，火势发展缓慢，一旦门窗被打开，新鲜空气大量涌入，火势迅速发展；同时大量烟气涌入，容易使人中毒、窒息而死亡。同时，由于空气的对流作用，火焰就会向外窜出，所以在发生火灾时，不能随便开启门窗。

40. 发生电气火灾时，应当如何处置？

答： 电气火灾一般是由于电线路、用电设备、器具以及供配电设备出现故障，释放大量热量，产生电弧或者电火花，引燃本体或者周边可燃物而造成的火灾，同时也包括由于雷电或者静电引起的火灾，一般多发生在夏、冬两季。电气火灾轻则可能会导致人员的轻度烧伤，若处理不当，火灾蔓延还会形成大规模的火灾，还可能导致严重烧伤和触电，所以尽量要将电气火灾扑灭在初期阶段。当发生电气火灾时，请进行以下操作：

（1）切断电源：当发生电气火灾时，首先立即关闭总开关，切断总电源，切勿用手触碰着火的电器开关或插座，以免发生触电。

（2）使用灭火器：完成上述操作后，选用不导电的二氧化碳或者干粉灭火器进行灭火。但切记不可以用水和泡沫灭火器进行扑救，因为燃烧的电器可能会有剩余电流，可能会发生触电。

（3）使用灭火毯：若家中没有灭火器，也可以使用灭火毯（注意选用专业消防灭火毯，不可用普通毛毯代替）或者浸湿的厚重棉被覆盖在电器上，并保持必要的安全距离，确定安全后再上前查看。覆盖时需注意加强个人防护，避免烫伤（注意此操作一定要在断开电源的情况下进行，防止触电）。

41. 高层建筑火灾有哪些特点？

答：高层建筑火灾特点：

（1）火势蔓延快：高层建筑的楼梯间、电梯井、管道井、风道、电缆井等竖向井道多，如果防火分隔处理不好，发生火灾时就好像一座座高耸的烟囱，成为火势迅速蔓延的途径。

（2）疏散困难：高层建筑楼层多，楼层高，垂直距离长，人员疏散到地面相对于低层建筑时间长；高层建筑一般人员相对比较密集，疏散困难；高层建筑发生火灾时由于各竖井空气流动畅通，火势和烟雾向上蔓延快，增加了疏散的难度。

（3）扑救难度大：高层建筑高达数十米，甚至数百米，发生火灾时从室外进行扑救相当困难。大部分高层建筑内部的消防设施还不是很完善，相对于高层建筑火灾的突出特点以及产生的严重后果，扑救高层建筑火灾比较困难。

42. 高层建筑发生火灾时应该怎么做？

答：应先到门口触摸门把手，如果门把手发烫，说明火离门口不远，此时不要贸然出去，否则瞬间会被高温灼伤或被呛着。最好的办法是用水把棉被打湿，堵住门的缝隙，阻止浓烟进来，然后拨打“119”电话求救或者用一些明显的物体在窗口求救。

如果门把手不烫，可外出观察，如果发现外面没有着火，则应迅速观察逃生通道，无浓烟就可用湿毛巾捂住口鼻，弯腰低姿前行，使头部尽可能远离上层空气中的高温有毒烟气，从逃生通道迅速撤离。

43. 使用液化石油气炉时为什么先点火，后开气？

答：如果先开气后点火，先喷出的大量石油气，就有可能与空气形成爆炸气体，这时遇到明火就有发生爆炸的危险，因此必须先点火后开气。

44. 电气设备引起火灾的原因有哪些？

答：电气设备引起火灾的原因有：

（1）短路；

（2）过负荷；

（3）接触电阻热；

（4）电火花和电弧；

（5）照明灯具、电热元件、电热工具的表面热；

（6）过电压；

（7）涡流热。

45. 发生火灾拨通“119”电话后，单位应报告哪些情况？并做好哪些准备工作？

答：发生火灾拨通“119”电话后，单位应报告以下情况：

（1）要讲清楚着火单位和所在区县、街道、门牌号码等详细、地址；

（2）要讲清什么物品着火，火势情况和起火部位，有无爆炸物品、危险化学品，是否有人员被围困；

（3）要讲清楚报警人的姓名、单位及使用的电话号码；

（4）清楚、简洁回答消防队的询问。

报警后要派专人在路口等候消防车的到来，指引消防车去火场的道路，以便迅速、准确到达起火地点。

46. 如何使用室内消火栓？

答：室内消火栓使用方法：

（1）打开消防栓箱，按下火警按钮（如有）；

（2）延伸水带；

（3）将水带一端与消火栓接口连接，另一端与水枪连接；

（4）转开止水阀；

（5）双手握紧水带及水枪头，对准火点射水。

47. 干粉灭火器的正确使用方法是什么？使用时应注意哪些事项？

答：干粉灭火器的正确使用方法：

（1）提，提起灭火器

手提灭火器的提把，让灭火器保持水平/垂直的状态。

（2）拔，拔掉保险销

拔掉灭火器上的保险销，也就是灭火器把手下的环状金属物，将金属环拔掉后才能喷出干粉。如果拔掉插销比较困难的话，还要将插销另一头的铅封拔除。

（3）握，握住喷嘴

人站在距离火焰3～5 m处，用灭火器喷管瞄准火源。此时一只手握住喷管的最前端，要注意控制好方向，而另一只手提起灭火器提把。

（4）压，往下按压阀，对准火焰根部喷射

手指压住灭火器的上下把杆，此时灭火器的开关就会被打开，会喷出干粉起到灭火功效。

使用干粉灭火器时应注意：

（1）在使用之前要检查灭火器压力阀。正常情况下，指针应指在绿色区域，红色区域代表压力不足，黄色代表压力过高。

（2）手提干粉灭火器必须竖立使用。

（3）保险销拔掉后，喷管口禁止对人，以防伤害。

（4）灭火时，操作者必须处于上风向操作。

（5）注意控制灭火点的有效距离和使用时间。

48. 泡沫灭火器可以扑救什么火灾？

答：手提式泡沫灭火器适用于扑救一般B类火灾，如油制品、油脂等火灾，也可用于A类火灾，但不能扑救B类火灾中的水溶性可燃、易燃液体的火灾，如醇、酯、醚、酮等物质火灾；也不能扑救带电设备及C类和D类火灾。

推车式空气泡沫灭火器适用于扑救一般B类火灾，如油制品、油脂等火灾，也可用于A类、F类火灾，不能扑救C类、D

类和E类火灾。

手提式空气泡沫灭火器基本上与化学泡沫灭火器相同。但抗溶泡沫灭火器还能扑救水溶性易燃、可燃液体的火灾，如醇、醚、酮等溶剂燃烧的初起火灾。

49. 应急预案演练分为哪几种？

答：应急预案演练的分类有如下几种：

（1）按组织形式，应急预案演练可分为桌面演练和实战演练。

（2）按演练内容，应急预案演练可分为单项演练和综合演练。

（3）按演练目的与作用，应急预案演练可分为检验性演练、示范性演练和研究性演练。

不同类型的演练相互结合，可以形成单项桌面演练、综合桌面演练、单项实战演练、综合实战演练、示范性单项演练、示范性综合演练等。

50. 单位在开展应急预案演练之前应做好哪四项准备工作？

答：单位在开展应急预案演练之前应做好这四项准备工作：制定演练计划、设计演练方案、演练动员与培训、应急预案演练保障。

51. 秋冬季节应当注意哪些防火安全事项？

答：秋冬季节防火安全注意事项：

（1）秋冬季节风较大，应注意不要在室外生火和吸烟，预防未熄灭的柴火和烟头引发火灾。柴草等易燃物品要堆放在安全的地方，远离电线、火种。

（2）在使用煤气、液化气时要注意经常检查炉灶、阀门、管道和钢瓶等是否存在泄漏的情况，并作出及时的更换。

（3）严禁携带火种进入一些火灾危险性较大的场所，如化工场所、油库、仓库等，并遵守其各项安全防火规定，服从管理。

52. 为了自身安全，进入陌生场所应该先了解什么？

答：进入陌生场所时，应该先了解避难逃生方向，安全门、楼梯位置是否关闭上锁，消防栓、灭火器具体位置。

53. 为便于通行，单位内部楼道的常闭防火门是否可以保持开启状态？

答：不可以。按照国家建筑设计防火规范要求，常闭式防火门平时应保持关闭状态。当人们打开并通过后，门上的闭门器又会使防火门自动关闭。这样防火门在发生火灾后才能有效地阻挡浓烟烈火的侵袭。常闭式防火门如果长期呈敞开状态，轻则无法正常回位，重则可能破坏门框、门板，使其失去隔烟阻火的作用。如果防火门失去作用，一旦发生火灾，很容易造成“小火”酿成“大灾”。

54. 如何判别燃气是否泄露？发现燃气泄漏时应该如何处理？

答：若发现燃气泄漏，辨别方法主要有以下几种：

（1）闻：为了安全起见，天然气都会人为添加增臭剂（如甲硫醇等）进行加臭处理，泄漏量稍微加大，在使用过程中就可以闻到臭味。

（2）听：如果泄漏比较严重，在安静环境下，即使较远处也可以听到嘶嘶的泄漏声音。

（3）看：燃气设备全部关闭后可以检查燃气表，如果燃气表的流量计依然在变化，则说明从燃气公司入户的接口到家里使用的燃气用具存在漏气的地方。

（4）检查：可以使用肥皂水涂抹在疑似的泄漏点，比如管道的连接处，如果发现气泡出现，则说明存在泄漏。

如果发现疑似泄漏的情况，应第一时间远离泄漏场所后，立即打电话给燃气公司，请专业人员进行检测。

谨记发生燃气泄漏时，避免产生微小火花，引起爆炸：切勿开、关任何电器（如开关灯具、开启排气扇或抽油烟机等）；切勿在室内使用电话、手机；切勿使用火柴或打火机来测试漏气；若发现邻居家燃气泄漏应敲门告知，切勿按动门铃。

发现燃气泄漏时应该：

（1）不要用明火找漏，首先应绝对禁止一切能引起火花的行为，比如打开或关闭电灯、抽油烟机、排风扇等家用电器，火花会引起煤气燃烧，引发火灾。

（2）迅速关闭煤气总阀门，防止煤气继续泄漏。

（3）利用湿毛巾捂住口鼻，并马上打开窗户通风，让新鲜空气进来，可大大降低室内煤气的浓度。

（4）关上厨房门，避免煤气进入客厅和卧室内。

（5）快速移步至室外安全位置拨打燃气维修电话。

55. 吸烟时应注意哪些消防安全事项？

答：吸烟时应注意如下消防安全事项：

（1）不要躺在床上或沙发上吸烟。

（2）不要漫不经心，不管场合，随手乱扔烟头和火柴梗。

（3）不要在维修汽车和清洗机件时吸烟。

（4）不要在吸烟时让烟灰掉落在可燃物上。

（5）不要不看场合、地点乱弹烟灰。

（6）不要在匆忙时把未熄灭的烟头塞进衣服口袋。

（7）不要把点着的香烟随手乱放在可燃物上。

56. 在储存和使用易燃液体的区域必须要有良好的通风条件，其主要目的是什么？

答：主要目的是防止易燃气体积聚而发生爆炸和火灾。

57. 装卸和搬运易燃易爆化学物品时，是否可以拖、拉易燃易爆化学物品？

答：不可以。装卸和搬运易燃易爆化学物品时，要轻拿轻放，不准拖、拉、抛、滚，以免造成摩擦、撞击、静电引起火灾。

第二部分　应知应会试题

一、选择题

1.《中华人民共和国消防法》的立法目的，是为了预防火灾和减少火灾危害，加强应急救援工作，保护（　　）、财产安全，维护公共安全。

A．生命

B．财产

C．人身

D．公民人身

【答案】C

2．依据《中华人民共和国消防法》，我国的消防工作方针是（　　）。

A．安全第一，预防为主

B．预防为主，防治结合

C．预防为主，防消结合

D．安全优先，强制管理

【答案】C

3．依据《中华人民共和国消防法》，我国的消防工作原则是（　　）。

A．政府统一监管、部门依法领导、单位全面负责、公民积极参与

B．政府统一领导、部门依法负责、单位全面参与、公民积极监管

C．政府统一领导、部门依法监管、单位全面负责、公民积极参与

D．政府统一监督、部门依法领导、单位全面参与、公民积极负责

【答案】C

4．依据《中华人民共和国消防法》，下列关于公民在消防工作中的权利和义务描述错误的是（　　）。

A．任何人都有维护消防安全、保护消防设施、预防火灾、报告火警的义务

B．任何人都有参加有组织的灭火工作的义务

C．任何人发现火灾都应当立即报警；任何单位、个人都应当无偿为报警提供便利，不得阻拦报警；严禁谎报火警

D．任何单位和个人都有权对住房和城乡建设主管部门、消防救援机构及其工作人员在执法中的违法行为进行检举、控告

【答案】B

5．依据《中华人民共和国消防法》，（　　）在具有火灾、爆炸危险的场所吸烟、使用明火。

A．禁止

B．没人管控时可以

C．经现场人员默许后可以

D．领导干部可以

【答案】A

6．依据《中华人民共和国消防法》，关于消防产品的要求错

误的是（　　）。

A．消防产品必须符合国家标准；没有国家标准的，必须符合行业标准

B．禁止生产、销售或者使用不合格的消防产品以及国家明令淘汰的消防产品

C．依法实行强制性产品认证的消防产品，由具有法定资质的认证机构按照国家标准、行业标准的强制性要求认证合格后，方可生产、销售、使用

D．新研制的尚未制定国家标准、行业标准的消防产品，可以随意生产、销售、使用

【答案】 D

7．依据《中华人民共和国消防法》，（　　）不得损坏、挪用或者擅自拆除、停用消防设施、器材。

A．外单位人员

B．未成年人

C．任何单位、个人

D．普通员工

【答案】 C

8．依据《中华人民共和国消防法》，关于灭火救援的说法错误的是（　　）。

A．任何人发现火灾都应当立即报警，严禁谎报火警

B．人员密集场所发生火灾，该场所的现场工作人员应当立即组织、引导在场人员疏散

C．任何单位发生火灾，必须立即组织力量扑救

D．消防救援机构统一组织和指挥火灾现场扑救，应当优先

保障财产安全

【答案】D

9．依据《中华人民共和国消防法》，消防车、消防艇前往执行火灾扑救或者应急救援任务，在确保安全的前提下，不受行驶速度、行驶路线、行驶方向和指挥信号的限制，其他车辆、船舶以及行人（　　）。

A．应当让行，不得穿插超越

B．正常行驶，无需让行

C．可以让行，可以穿插超越

D．应当让行，可以穿插超越

【答案】A

10．依据《中华人民共和国消防法》，火灾扑灭后，发生火灾的单位和相关人员应当（　　）。

A．立刻清理现场

B．立刻恢复生产

C．按照消防救援机构的要求保护现场，接受事故调查，如实提供与火灾有关的情况

D．立刻确定火灾责任人

【答案】C

11．依据《中华人民共和国消防法》，消防救援机构在消防监督检查中发现火灾隐患的，应当通知有关单位或者个人立即（　　）。

A．查封现场

B．处理责任人

C．参加消防培训

D．采取措施消除隐患

【答案】D

12．依据《机关、团体、企业、事业单位消防安全管理规定》（中华人民共和国公安部令第61号），单位发生火灾时，应当立即（　　）。

A．追究相关人员责任

B．实施灭火和应急疏散预案

C．确定火灾损失

D．消除舆论影响

【答案】B

13．禁止生产、销售或使用未经（　　）确定的检验机构检验合格的消防产品。

A．各级公安机关

B．各级公安消防机构

C．各级人民政府

D．依照产品质量法的规定

【答案】D

14．在火灾发生后阻拦报警，或者负有报告职责的人员不及时报警的，给予（　　）处罚。

A．劳动教养

B．撤掉其电话

C．警告、500元以下罚款或者10日以上15日以下拘留

D．以上都对

【答案】C

15．由于过失引起火灾，造成严重后果的行为，构成（　　）。

A．纵火罪

B．失火罪

C．玩忽职守罪

D．重大责任事故罪

【答案】B

16．关于疏散走道，说法正确的是（　　）。

A．疏散走道不允许堆放杂物

B．疏散走道可以不设疏散指示标志

C．疏散走道可以设置屏风，只要是不燃烧体就行

D．疏散走道内不应设置阶梯、门槛、门垛等影响疏散的凸出物

【答案】A

17．单位在营业期间，下列做法错误的是（　　）。

A．遮挡消防安全疏散指示标志

B．在安全出口处设置疏散标志

C．当营业场所人数过多时，限制进入人数

D．按照要求，设置足量的灭火器材

【答案】A

18．依据《火灾事故调查规定》，火灾事故调查的任务是（　　）。

A．调查火灾原因，统计火灾损失

B．依法对火灾事故作出处理

C．总结火灾教训

D．以上选项都对

【答案】D

19. 下列关于公共娱乐场所消防安全管理规定的说法中不正确的是（　　）。

A. 公共娱乐场所应当依法办理消防设计审核、竣工验收和消防安全检查，其消防安全由经营者负责

B. 公共娱乐场所内可以带入和存放易燃易爆物品

C. 严禁在公共娱乐场所营业时进行设备检修、电气焊、油漆粉刷等施工、维修作业

D. 演出、放映场所的观众厅内禁止吸烟和明火照明

【答案】B

20. 公共娱乐场所营业时（　　）进行设备检修、电气焊、油漆粉刷等施工、维修作业。

A. 可以

B. 经审批可以

C. 视情况而定

D. 严禁

【答案】D

21. 某单位根据有关规定制定了消防应急疏散预案，在报警、接警处置程序中，下列说法错误的是（　　）。

A. 报警应说明着火单位、着火部位、有无人员被困及报警人姓名、电话等情况

B. 发现火灾后，应将火情报告给本单位值班领导和有关部门

C. 消防控制室值班员接到火灾报警信号后，应立即报告消防队和值班负责人

D. 单位领导接警后，应组织指挥初期火灾的扑救和人员的

疏散工作

【答案】C

22．动火作业是指施工现场进行明火、爆破、焊接、气割或采用酒精炉、煤油炉、喷灯、砂轮、电钻等工具进行可能产生火焰、火花或赤热表面的临时性作业。为保证动火作业安全，下列施工现场动火作业不符合要求的是（　　）。

A．施工现场动火作业前，应由动火作业人提出动火作业申请

B．动火操作人员经过岗位理论和实践知识培训后，无须具备资格即可上岗作业

C．严禁在裸露的可燃材料上直接进行动火作业

D．焊接、切割、烘烤或加热等动火作业，应配备灭火器材

【答案】B

23．防火门应（　　）。

A．朝内开启

B．朝外开启

C．向疏散方向开启

D．以上均可

【答案】C

24．疏散出口门应能在关闭后从任何一侧（　　）。开向疏散楼梯（间）或疏散走道的门在完全开启时，不应减少楼梯平台或疏散走道的（　　）。

A．自动开启　　净宽度

B．手动开启　　净长度

C．自动开启　　有效净宽度

D．手动开启　　有效净宽度

【答案】D

25．某单位按照制定的消防应急预案，对初期火灾进行处置。下列程序或措施中，错误的是（　　）。

A．发现火灾时，起火部位现场员工应当于 1 min 内形成第一战斗力量

B．若火势扩大，单位应当于 5 min 内形成灭火第二战斗力量

C．疏散引导组按分工组织引导现场人员进行疏散

D．有关部位人员负责关闭空调系统和煤气总开关

【答案】B

26．下列选项中，不属于燃烧的发生和发展的必要条件的是（　　）。

A．可燃物

B．助燃物

C．引火源

D．热传导

【答案】D

27．木制桌椅燃烧时，不会出现的燃烧形式是（　　）。

A．分解燃烧

B．表面燃烧

C．熏烟燃烧

D．蒸发燃烧

【答案】D

28．下列粉尘中，不会发生爆炸的是（　　）。

A．生石灰

B．面粉

C．煤粉

D．铝粉

【答案】A

29．可燃气体和液体的蒸气与空气混合，遇着火源能够发生爆炸的最低浓度叫做（　　）。

A．爆炸温度下限

B．爆炸浓度下限

C．爆炸浓度上限

D．爆炸浓度极限

【答案】B

30．物质在空气中发生缓慢氧化和燃烧的共同点是（　　）。

A．放出热量

B．发光

C．达到着火点

D．必须都是气体

【答案】A

31．下列（　　）火灾不能用水扑灭。

A．棉布

B．家具

C．金属钾、钠

D．木材、纸张

【答案】C

32．下列选项中，（　　）不属于灭火的基本原理。

A．冷却窒息

B．隔离

C．化学抑制

D．关闭气源阀门

【答案】D

33．火灾初起阶段是扑救火灾（　　）的阶段。

A．最不利

B．最有利

C．较不利

D．较有利

【答案】B

34．水能扑救下列哪种火灾？（　　）

A．石油、汽油

B．熔化的铁水、钢水

C．高压电器设备

D．木材、纸张

【答案】D

35．遇到火灾时沉着、冷静，迅速正确逃生，（　　）。

A．不贪恋财物

B．不乘坐电梯

C．不盲目跳楼

D．以上均正确

【答案】D

36．发生火灾时，（　　）。

A．不能随便开启门窗

B．只能开门

C．只能开窗

D．门窗都不能打开

【答案】A

37．如果因电器引起火灾，在许可的情况下，你必须首先（　　）。

A．找寻适合的灭火器扑救

B．将有开关的电源关掉

C．大声呼叫

D．用扇子扇风灭火

【答案】B

38．如果高层建筑发生了火灾，你认为正确的做法是（　　）。

A．迅速往楼上跑，以防被烟熏致死

B．第一时间选择从电梯逃生

C．用湿毛巾捂住口鼻，低下身子沿墙壁或贴近地面跑出火区

D．从窗口跳下

【答案】C

39．高层建筑火灾，由于（　　）的作用，火势通过电梯井、共享空间、玻璃幕墙缝隙等途径迅速向着火层上层蔓延，甚至出现跳跃式燃烧。

A．火风压

B．烟囱效应

C．热传播

D．风力

【答案】B

40. 用灭火器灭火时，灭火器该对准火焰的（　　）。

A. 上部

B. 中部

C. 根部

D. 以上选项都对

【答案】C

41. 消防应急预案演练可以按照组织形式、演练内容、演练目的与作用等不同方法进行划分。下列演练中属于按组织形式划分的是（　　）。

A. 单项演练

B. 示范性演练

C. 研究性演练

D. 实战演练

【答案】D

42. 安全色中的红色表示（　　）。

A. 提醒注意

B. 通行

C. 禁止、危险

D. 停止

【答案】C

43. 秋冬季节，应当注意（　　）。

A. 不要在室外生火和吸烟，预防未熄灭的柴火和烟头引发火灾

B. 柴草等易燃物品要堆放在安全的地方，远离电线、火种

C．严禁携带火种进入火灾危险性较大的场所

D．以上做法都正确

【答案】D

44．使用液化气或煤气，一定要养成（　　）的习惯。

A．先点火、后开气

B．先开气、后点火

C．开气点火同时

D．以上均可

【答案】A

45．发现燃气泄漏，要速关阀门，打开门窗，不能（　　）。

A．触动电器开关

B．使用明火

C．现场拨打电话

D．以上全部

【答案】D

46．检查液化石油气管道或阀门泄漏的正确方法是（　　）。

A．用鼻子嗅

B．用火试

C．用肥皂水涂抹

D．用试剂试

【答案】C

47．抽烟时应该注意事项，正确的是（　　）。

A．不躺在床上或沙发上吸烟，不乱扔烟头

B．只要在床头或茶几上摆上烟灰缸，可以躺在床上或沙发上吸烟

C．烟头已经不冒烟了，可以把烟头扔在纸篓里

D．为了舒服，最好躺在床上一边玩手机一边抽烟

【答案】A

48．为了（　　），在储存和使用易燃液体的区域必须要有良好的通风。

A．防止易燃气体积聚而发生爆炸和火灾

B．冷却易燃液体

C．保持易燃液体的质量

D．防止发生窒息

【答案】A

二、判断题

1．禁止在具有火灾、爆炸危险的场所使用明火，因特殊情况需要使用明火作业的，应按照规定事先办好相关审批手续。

【答案】√

2．禁止生产、销售或者使用不合格的消防产品以及国家明令淘汰的消防产品。

【答案】√

3．个人可以挪用消防器材，遮挡消火栓或占用疏散通道。

【答案】×

4．发生火灾后，为尽快恢复生产，减少损失，受灾单位或个人不必经任何部门同意，可以清理或变动火灾现场。

【答案】×

5．严禁堵塞消防通道及随意挪用或损坏消防设施。

【答案】√

6．单位占用、堵塞、封闭疏散通道、安全出口或者有其他妨

碍安全疏散行为的，可以处五千元以上五万元以下罚款。

【答案】√

7. 指使或者强令他人违反消防安全规定，冒险作业，尚不构成犯罪的，处十日以上十五日以下拘留。

【答案】√

8. 消防安全重点单位对每名员工应当至少每年进行一次消防安全培训。

【答案】√

9. 单位应当组织新上岗和进入新岗位的员工进行上岗前的消防安全培训。

【答案】√

10. 干粉灭火器压力表指针应在绿色区域范围内。

【答案】√

11. 进行电焊、气焊等具有火灾危险作业的人员和自动消防系统的操作人员，不必持证上岗，但要遵守消防安全操作规程。

【答案】×

12. 多次爆炸是粉尘爆炸的最大特点。

【答案】√

13. 易燃液体、遇湿易燃物品、易燃固体均不得与氧化剂混合储存。

【答案】√

14. 从火场逃生时可以乘坐普通电梯，因为这样可以快些。

【答案】×

15. 普通泡沫灭火器可以扑灭电器火灾。

【答案】×

16. 用水可以扑救带电的火灾。

【答案】×

17. 电气火灾最基本原因是短路、过载、接触电阻过大。

【答案】√

18. 用灭火器灭火，最佳位置是上风或侧风位置。

【答案】√

19. 使用手提式灭火器顺序为：提起灭火器，拔出保险销拉环，握住喷嘴对准火源，人站在上风位置、用手压住提手（压把），这时灭火剂即可喷出。

【答案】√

20. 单位内部楼道的常闭防火门应保持常开状态，便于通行。

【答案】×

21. 常闭防火门开启后应该自动闭合。

【答案】√

22. 装卸和搬运易燃易爆化学物品时，要轻拿轻放，不准拖、拉、抛、滚。

【答案】√

23. 室外消火栓在平日正常状态可用于生产取水。

【答案】×

三、简答题

1. 请分别简述消防工作的方针和原则。

【答案】消防工作的方针是预防为主、防消结合。

消防工作的原则是政府统一领导、部门依法监管、单位全面负责、公民积极参与。

2. 请简述消防安全四个能力的内容。

【答案】 检查消防火灾隐患能力，组织扑救初期火灾能力，组织人员疏散逃生能力，消防宣传教育能力。

3. 发生火灾拨通“119”电话后？单位应报告哪些情况？并做好哪些准备工作？

【答案】

发生火灾拨通“119”电话后，单位应报告以下情况：

（1）要讲清楚着火单位和所在区县、街道、门牌号码等详细地址；

（2）要讲清什么物品着火，火势情况和起火部位，有无爆炸物品、危险化学品、是否有人员被围困；

（3）要讲清楚报警人的姓名、单位及使用的电话号码；

（4）要清楚、简洁回答消防队的询问。

报警后要派专人在路口等候消防车的到来，指引消防车去火场的道路，以便迅速、准确地到达起火地点。

4. 干粉灭火器的正确使用方法是什么？

【答案】 干粉灭火器的正确使用方法：

（1）手提灭火器的提把，让灭火器保持水平/垂直的状态。

（2）拔掉灭火器上的保险销，也就是灭火器把手下的环状金属物，将金属环拔掉后才能喷出干粉。如果拔掉插销比较困难的话，还要将插销另一头的铅封拔除。

（3）人站在距离火焰 3～5 m 处，用灭火器喷管瞄准火源。此时一只手握住喷管的最前端，要注意控制好方向，而另一只手提起灭火器提把。

（4）手指压住灭火器的上下把杆，此时灭火器的开关就会被打开，会喷出干粉起到灭火功效。

5. 如何使用室内消火栓?

【答案】 室内消火栓使用方法:

（1）打开消防栓箱，按下火警按钮（如有）;

（2）延伸水带;

（3）将水带一端与消火栓接口连接，另一端与水枪连接;

（4）转开止水阀;

（5）双手握紧水带及水枪头，对准火点射水。

第二章　志愿消防员

第一部分　基础知识

1．依据《中华人民共和国消防法》，对于哪些行为处警告或者五百元以下罚款；情节严重的，处五日以下拘留？

答：有下列行为之一的，处警告或者五百元以下罚款；情节严重的，处五日以下拘留：

（1）违反消防安全规定进入生产、储存易燃易爆危险品场所的；

（2）违反规定使用明火作业或者在具有火灾、爆炸危险的场所吸烟、使用明火的。

2．依据《中华人民共和国消防法》，哪些属于消防设施？

答：消防设施，是指火灾自动报警系统、自动灭火系统、消火栓系统、防烟排烟系统以及应急广播和应急照明、安全疏散设施等。

3．依据《中华人民共和国消防法》，消防安全重点单位除应当履行机关、团体、企业、事业等单位的消防安全职责外，还应当履行哪些消防安全职责？

答：消防安全重点单位除应当履行机关、团体、企业、事业等单位的消防安全职责外，还应当履行下列消防安全职责：

（1）确定消防安全管理人，组织实施本单位的消防安全管理工作；

（2）建立消防档案，确定消防安全重点部位，设置防火标志，实行严格管理；

（3）实行每日防火巡查，并建立巡查记录；

（4）对职工进行岗前消防安全培训，定期组织消防安全培训和消防演练。

4．依据《中华人民共和国消防法》，什么机构应当对专职消防队、志愿消防队等消防组织进行业务指导？

答：消防救援机构应当对专职消防队、志愿消防队等消防组织进行业务指导；根据扑救火灾的需要，可以调动指挥专职消防队参加火灾扑救工作。

5．依据《中华人民共和国消防法》，人员密集场所的定义是什么？

答：人员密集场所，是指公众聚集场所，医院的门诊楼、病房楼，学校的教学楼、图书馆、食堂和集体宿舍，养老院，福利院，托儿所，幼儿园，公共图书馆的阅览室，公共展览馆、博物馆的展示厅，劳动密集型企业的生产加工车间和员工集体宿舍，旅游、宗教活动场所等。

6．依据《中华人民共和国消防法》，机关、团体、企业、事业等单位应当履行哪些职责？

答：机关、团体、企业、事业等单位应当履行下列消防安全职责：

（1）落实消防安全责任制，制定本单位的消防安全制度、消防安全操作规程，制定灭火和应急疏散预案；

（2）按照国家标准、行业标准配置消防设施、器材，设置消防安全标志，并定期组织检验、维修，确保完好有效；

（3）对建筑消防设施每年至少进行一次全面检测，确保完好有效，检测记录应当完整准确，存档备查；

（4）保障疏散通道、安全出口、消防车通道畅通，保证防火防烟分区、防火间距符合消防技术标准；

（5）组织防火检查，及时消除火灾隐患；

（6）组织进行有针对性的消防演练；

（7）法律、法规规定的其他消防安全职责。

7．依据《中华人民共和国消防法》，国家综合性消防救援队、专职消防队在扑救火灾、应急救援时能否收取费用？单位专职消防队、志愿消防队参加扑救外单位火灾所损耗的装备和器材应当由谁补偿？

答：国家综合性消防救援队、专职消防队扑救火灾、应急救援，不得收取任何费用。单位专职消防队、志愿消防队参加扑救外单位火灾所损耗的燃料、灭火剂和器材、装备等，由火灾发生地的人民政府给予补偿。

8．依据《中华人民共和国消防法》第六十五条，违反本法规定，生产、销售不合格的消防产品或者国家明令淘汰的消防产品的，会受到什么处罚？人员密集场所使用不合格的消防产品或者国家明令淘汰的消防产品的，将受到什么处罚？

答：违反本法规定，生产、销售不合格的消防产品或者国家明令淘汰的消防产品的，由产品质量监督部门或者工商行政管理部门依照《中华人民共和国产品质量法》的规定从重处罚。

人员密集场所使用不合格的消防产品或者国家明令淘汰的消

防产品的，责令限期改正；逾期不改正的，处五千元以上五万元以下罚款，并对其直接负责的主管人员和其他直接责任人员处五百元以上二千元以下罚款；情节严重的，责令停产停业。

消防救援机构对于本条第二款规定的情形，除依法对使用者予以处罚外，应当将发现不合格的消防产品和国家明令淘汰的消防产品的情况通报产品质量监督部门、工商行政管理部门。产品质量监督部门、工商行政管理部门应当对生产者、销售者依法及时查处。

9. 依据《机关、团体、企业、事业单位消防安全管理规定》（中华人民共和国公安部令第61号），单位应当将哪些部位纳入消防安全重点部位管理？请列举本单位消防重点部位有哪些？

答：单位应当将容易发生火灾、一旦发生火灾可能严重危及人身和财产安全以及对消防安全有重大影响的部位确定为消防安全重点部位，设置明显的防火标志，实行严格管理。

本单位消防重点部位：化工生产车间，油漆、烘烤、熬炼、木工、电焊气割操作间，托儿所，集体宿舍，医院病房，消防控制室，消防水泵房等。

10. 依据《机关、团体、企业、事业单位消防安全管理规定》（中华人民共和国公安部令第61号），对不能当场改正的火灾隐患应当如何管理？在火灾隐患未消除之前，单位应当采取什么措施？

答：对不能当场改正的火灾隐患，消防工作归口管理职能部门或者专兼职消防管理人员应当根据本单位的管理分工，及时将存在的火灾隐患向单位的消防安全管理人或者消防安全责任人报告，提出整改方案。消防安全管理人或者消防安全责任人应当确定整改的措施、期限以及负责整改的部门、人员，并落实整改资金。

在火灾隐患未消除之前，单位应当落实防范措施，保障消防安全。不能确保消防安全，随时可能引发火灾或者一旦发生火灾将严重危及人身安全的，应当将危险部位停产停业整改。

11. 依据《生产安全事故报告和调查处理条例》，根据生产安全事故造成的人员伤亡或者直接经济损失，事故一般分为几个等级？

答：根据生产安全事故（以下简称事故）造成的人员伤亡或者直接经济损失，事故一般分为以下等级：

（1）特别重大事故，是指造成30人以上死亡，或者100人以上重伤（包括急性工业中毒，下同），或者1亿元以上直接经济损失的事故；

（2）重大事故，是指造成10人以上30人以下死亡，或者50人以上100人以下重伤，或者5000万元以上1亿元以下直接经济损失的事故；

（3）较大事故，是指造成3人以上10人以下死亡，或者10人以上50人以下重伤，或者1000万元以上5000万元以下直接经济损失的事故；

（4）一般事故，是指造成3人以下死亡，或者10人以下重伤，或者1000万元以下直接经济损失的事故。

本条所称的“以上”包括本数，“以下”不包括本数。

12. 依据《高层民用建筑消防安全管理规定》，高层公共建筑内的单位应当至少多长时间对员工开展一次消防安全教育培训？

答：高层公共建筑内的单位应当每半年至少对员工开展一次

消防安全教育培训。

13. 依据《重大火灾隐患判定方法》(GB 35181—2017)，重大火灾隐患直接判定要素包括哪些?

答: 重大火灾隐患直接判定要素包括:

(1)生产、储存和装卸易燃易爆危险品的工厂、仓库和专用车站、码头、储罐区，未设置在城市的边缘或相对独立的安全地带。

(2)生产、储存、经营易燃易爆危险品的场所与人员密集场所、居住场所设置在同一建筑物内，或与人员密集场所、居住场所的防火间距小于国家工程建设消防技术标准规定值的75%。

(3)城市建成区内的加油站、天然气或液化石油气加气站、加油加气合建站的储量达到或超过GB 50156对一级站的规定。

(4)甲、乙类生产场所和仓库设置在建筑的地下室或半地下室。

(5)公共娱乐场所、商店、地下人员密集场所的安全出口数量不足或其总净宽度小于国家工程建设消防技术标准规定值的80%。

(6)旅馆、公共娱乐场所、商店、地下人员密集场所未按国家工程建设消防技术标准的规定设置自动喷水灭火系统或火灾自动报警系统。

(7)易燃可燃液体、可燃气体储罐(区)未按国家工程建设消防技术标准的规定设置固定灭火、冷却、可燃气体浓度报警、火灾报警设施。

(8)在人员密集场所违反消防安全规定使用、储存或销售易燃易爆危险品。

（9）托儿所、幼儿园的儿童用房以及老年人活动场所，所在楼层位置不符合国家工程建设消防技术标准的规定。

（10）人员密集场所的居住场所采用彩钢夹芯板搭建，且彩钢夹芯板芯材的燃烧性能等级低于 GB 8624 规定的 A 级。

14．依据《建筑设计防火规范》[GB 50016—2014（2018 年版）]，生产的火灾危险性应根据什么划分，可分为哪几类？

答：生产的火灾危险性应根据生产中使用或产生的物质性质及其数量等因素划分，可分为甲、乙、丙、丁、戊类。

15．依据《建筑设计防火规范》[GB 50016—2014（2018 年版）]，甲类储存物品的火灾危险性特征有哪些？

答：甲类储存物品的火灾危险性特征：

（1）闪点小于 28 ℃的液体；

（2）爆炸下限小于 10% 的气体，受到水或空气中水蒸气的作用能产生爆炸下限小于 10% 气体的固体物质；

（3）常温下能自行分解或在空气中氧化能导致迅速自燃或爆炸的物质；

（4）常温下受到水或空气中水蒸气的作用，能产生可燃气体并引起燃烧或爆炸的物质；

（5）遇酸、受热、撞击、摩擦以及遇有机物或硫黄等易燃的无机物，极易引起燃烧或爆炸的强氧化剂；

（6）受撞击、摩擦或与氧化剂、有机物接触时能引起燃烧或爆炸的物质。

16．依据《建筑设计防火规范》[GB 50016—2014（2018 年版）]，消防电梯从首层到顶层的运行时间不宜超过多少？

答：消防电梯从首层至顶层的运行时间不宜大于 60 s。

17. 依据《建筑灭火器配置设计规范》（GB 50140—2005），某场所配置的灭火器型号为“MT5”，该灭火器类型、规格、灭火级别是什么？

答：MT5 表示 5 kg 手提式二氧化碳灭火器，灭火级别 34B。

18. 依据《建筑灭火器配置设计规范》（GB 50140—2005），灭火器的选择应考虑哪些因素？

答：灭火器的选择应考虑下列因素：

（1）灭火器配置场所的火灾种类；

（2）灭火器配置场所的危险等级；

（3）灭火器的灭火效能和通用性；

（4）灭火剂对保护物品的污损程度；

（5）灭火器设置点的环境温度；

（6）使用灭火器人员的体能。

19. 依据《建筑灭火器配置验收及检查规范》（GB 50444—2008），应多久对灭火器的配置及外观进行一次检查？推车式灭火器的设置地点有什么特殊要求？

答：灭火器的配置、外观等应按要求每月进行一次检查。

下列场所配置的灭火器，应按要求每半月进行一次检查：

（1）候车（机、船）室、歌舞娱乐放映游艺等人员密集的公共场所；

（2）堆场、罐区、石油化工装置区、加油站、锅炉房、地下室等场所。

推车式灭火器宜设置在平坦场地，不得设置在台阶上。在没有外力作用下，推车式灭火器不得自行滑动。

20. 依据《消防设施通用规范》（GB 55036—2022），灭火器的配置类型应与配置场所的火灾种类和危险等级相适应，并应符合哪些规定？

答：灭火器的配置类型应与配置场所的火灾种类和危险等级相适应，并应符合下列规定：

（1）A 类火灾场所应选择同时适用于 A 类、E 类火灾的灭火器。

（2）B 类火灾场所应选择适用于 B 类火灾的灭火器。B 类火灾场所存在水溶性可燃液体（极性溶剂）且选择水基型灭火器时，应选用抗溶性的灭火器。

（3）C 类火灾场所应选择适用于 C 类火灾的灭火器。

（4）D 类火灾场所应根据金属的种类、物态及其特性选择适用于特定金属的专用灭火器。

（5）E 类火灾场所应选择适用于 E 类火灾的灭火器。带电设备电压超过 1 kV 且灭火时不能断电的场所不应使用灭火器带电扑救。

（6）F 类火灾场所应选择适用于 E 类、F 类火灾的灭火器。

（7）当配置场所存在多种火灾时，应选用能同时适用扑救该场所所有种类火灾的灭火器。

21. 依据《消防设施通用规范》（GB 55036—2022），灭火器设置点的位置和数量应根据被保护对象的情况和灭火器的最大保护距离确定，并应保证最不利点至少在几具灭火器的保护范围内？灭火器的最大保护距离和最低配置基准应与什么相适应？

答：灭火器设置点的位置和数量应根据被保护对象的情况和灭火器的最大保护距离确定，并应保证最不利点至少在 1 具灭火器的保护范围内。灭火器的最大保护距离和最低配置基准应与配置场所的火灾危险等级相适应。

22. 依据《消防设施通用规范》(GB 55036—2022)，灭火器配置场所应按计算单元计算与配置灭火器，并应符合哪些规定？

答：灭火器配置场所应按计算单元计算与配置灭火器，并应符合下列规定：

（1）计算单元中每个灭火器设置点的灭火器配置数量应根据配置场所内的可燃物分布情况确定。所有设置点配置的灭火器灭火级别之和不应小于该计算单元的保护面积与单位灭火级别最大保护面积的比值。

（2）一个计算单元内配置的灭火器数量应经计算确定且不应少于2具。

23. 依据《消防设施通用规范》(GB 55036—2022)，灭火器应设置在什么地点？当确需设置在有视线障碍的设置点时，应采取什么措施？

答：灭火器应设置在位置明显和便于取用的地点，且不应影响人员安全疏散。当确需设置在有视线障碍的设置点时，应设置指示灭火器位置的醒目标志。

24. 依据《消防设施通用规范》(GB 55036—2022)，当灭火器配置场所发生哪些变化时，应校核或重新配置灭火器？

答：当灭火器配置场所的火灾种类、危险等级和建（构）筑物总平面布局或平面布置等发生变化时，应校核或重新配置灭火器。

25. 依据《消防设施通用规范》(GB 55036—2022)，哪些情形下灭火器应进行报废处理？

答：符合下列情形之一的灭火器应报废：

（1）筒体锈蚀面积大于或等于筒体总表面积的1/3，表面有凹坑；

（2）筒体明显变形，机械损伤严重；

（3）器头存在裂纹、无泄压机构；

（4）存在筒体为平底等结构不合理现象；

（5）没有间歇喷射机构的手提式灭火器；

（6）不能确认生产单位名称和出厂时间，包括铭牌脱落，铭牌模糊、不能分辨生产单位名称，出厂时间钢印无法识别等；

（7）筒体有锡焊、铜焊或补缀等修补痕迹；

（8）被火烧过；

（9）出厂时间达到或超过最大报废期限（水基型灭火器6年，干粉灭火器、洁净气体灭火器10年，二氧化碳灭火器12年）。

26. 依据《消防设施通用规范》（GB 55036—2022），消防水泵控制柜的性能应当符合哪些规定？

答：消防水泵控制柜应位于消防水泵控制室或消防水泵房内，其性能应符合下列规定：

（1）消防水泵控制柜位于消防水泵控制室内时，其防护等级不应低于IP30；位于消防水泵房内时，其防护等级不应低于IP55。

（2）消防水泵控制柜在平时应使消防水泵处于自动启泵状态。

（3）消防水泵控制柜应具有机械应急启泵功能，且机械应急启泵时，消防水泵应能在接受火警后5 min内进入正常运行状态。

27. 依据《建筑防火通用规范》（GB 55037—2022），哪些部位不应使用影响人员安全疏散和消防救援的镜面反光材料？

答：下列部位不应使用影响人员安全疏散和消防救援的镜面

反光材料：

（1）疏散出口的门；

（2）疏散走道及其尽端、疏散楼梯间及其前室的顶棚、墙面和地面；

（3）供消防救援人员进出建筑的出入口的门、窗；

（4）消防专用通道、消防电梯前室或合用前室的顶棚、墙面和地面。

28. 依据《建筑防火通用规范》（GB 55037—2022），除特殊工艺要求外，哪些场所不应设置在地下或半地下？

答：除特殊工艺要求外，下列场所不应设置在地下或半地下：

（1）甲、乙类生产场所；

（2）甲、乙类仓库；

（3）有粉尘爆炸危险的生产场所、滤尘设备间；

（4）邮袋库、丝麻棉毛类物质库。

29. 依据《建筑防火通用规范》（GB 55037—2022），消防电梯应符合哪些规定？

答：消防电梯应符合下列规定：

（1）应能在所服务区域每层停靠；

（2）电梯的载重量不应小于 800 kg；

（3）电梯的动力和控制线缆与控制面板的连接处、控制面板的外壳防水性能等级不应低于 IPX5；

（4）在消防电梯的首层入口处，应设置明显的标识和供消防救援人员专用的操作按钮；

（5）电梯轿厢内部装修材料的燃烧性能应为 A 级；

（6）电梯轿厢内部应设置专用消防对讲电话和视频监控系统

的终端设备。

30. 依据《建筑防火通用规范》（GB 55037—2022），除住宅建筑的燃气用气部位外，哪些场所应设置可燃气体探测报警装置？

答：除住宅建筑的燃气用气部位外，建筑内可能散发可燃气体、可燃蒸气的场所应设置可燃气体探测报警装置。

31. 依据《建筑防火通用规范》（GB 55037—2022），防火门、防火窗应具有什么功能？

答：防火门、防火窗应具有自动关闭的功能，在关闭后应具有烟密闭的性能。宿舍的居室、老年人照料设施的老年人居室、旅馆建筑的客房开向公共内走廊或封闭式外走廊的疏散门，应在关闭后具有烟密闭的性能。宿舍的居室、旅馆建筑的客房的疏散门，应具有自动关闭的功能。

32. 依据《建筑防火通用规范》（GB 55037—2022），甲、乙类生产场所的送风设备是否可以与排风设备设置在同一通风机房内？

答：不可以。甲、乙类生产场所的送风设备，不应与排风设备设置在同一通风机房内。

33. 依据《建筑防火通用规范》（GB 55037—2022），瓶装液化石油气的使用应符合哪些规定？

答：瓶装液化石油气的使用应符合下列规定：

（1）在高层建筑内不应使用瓶装液化石油气；

（2）液化石油气钢瓶应避免受到日光直射或火源、热源的直接辐射作用，与灶具的间距不应小于 0.5 m；

（3）瓶装液化石油气应与其他化学危险物品分开存放；

（4）充装量不小于 50 kg 的液化石油气容器应设置在所服务建筑外的单层专用房间内，并应采取防火措施；

（5）液化石油气容器不应超量罐装，不应使用超量罐装的气瓶；

（6）不应敲打、倒置或碰撞液化石油气容器，不应倾倒残液或私自灌气。

34. 依据《社会单位灭火和应急疏散预案编制及实施导则》（GB/T 38315—2019），单位应急疏散预案应该由谁签署发布？

答：应急疏散预案通过评审后应由单位主要负责人签署发布。

35. 依据《社会单位灭火和应急疏散预案编制及实施导则》（GB/T 38315—2019），应急疏散预案编制应包含哪些内容？

答：预案的主要内容：编制目的、编制依据、适用范围、应急工作原则、单位基本情况、火灾情况设定、组织机构及职责、应急响应、应急保障、应急响应结束和后期处置。

36. 依据《社会单位灭火和应急疏散预案编制及实施导则》（GB/T 38315—2019），预案应明确哪些行动机构？

答：预案应明确通信联络组、灭火行动组、疏散引导组、防护救护组、安全保卫组、后勤保障组等行动机构。

37. 依据《社会单位灭火和应急疏散预案编制及实施导则》（GB/T 38315—2019），单位应至少多久组织一次演练？

答：消防安全重点单位应至少每半年组织一次演练，火灾高危单位应至少每季度组织一次演练，其他单位应至少每年组织一次演练。

38. 依据《单位消防安全管理规范》（DB32/T 4444—2023），什么是志愿消防队？

答：志愿消防队是由志愿人员组成，平时有自己主要职业、不在消防站或规定场所备勤，但能在接到火警出动信息后迅速集结、参加灭火救援的消防组织。

39. 依据《单位消防安全管理规范》（DB32/T 4444—2023），企业专职或志愿消防队、微型消防站队员应履行哪些消防安全职责？

答：企业专职或志愿消防队、微型消防站队员应履行的消防安全职责包括：

（1）熟悉单位基本情况、灭火和应急救援疏散预案、消防安全重点部位及消防设施器材设置情况；

（2）参加消防业务培训及消防演练，熟悉场所火灾危险性、火灾蔓延途径、消防设施器材、安全疏散路线；

（3）定期开展灭火救援技能训练，掌握常见火灾特点、处置方法及防护措施；

（4）发生火灾时，迅速集结，参加扑救火灾、疏散人员、保护现场等工作；

（5）根据单位安排，参加日常防火巡查和消防宣传教育。

40. 依据《消防安全标准化评分细则》（Q/QJB 333A—2022），消防安全重点单位每日防火巡查应该明确哪些内容？

答：消防安全重点单位应当进行每日防火巡查，防火巡查应明确巡查的人员、内容、部位和频次。

41. 依据《消防安全标准化评分细则》（Q/QJB 333A—2022），每个科研生产部门、车间、分支机构应按不低于在岗人员的多少比例配备志愿消防员？应具备什么技能？

答：每个科研生产部门、车间、分支机构应按不低于在岗人员的30%比例配备志愿消防员，并应掌握一定的灭火技能。

42. 依据《消防安全标准化评分细则》(Q/QJB 333A—2022)，单位消防安全宣传教育和培训应包括哪些内容？

答：单位宣传教育和培训内容应当包括：

(1)有关消防法规、消防安全制度和保障消防安全的操作规程；

(2)本单位、本岗位的火灾危险性和防火措施；

(3)报火警、扑救初起火灾以及自救逃生的知识和技能。

43. 依据《消防安全标准化评分细则》(Q/QJB 333A—2022)，电动车充电区域是否可以堆放可燃物？

答：电动车充电区域内严禁烟火，禁止堆放可燃物。

44. 依据《消防给水及消火栓系统技术规范》(GB 50974—2014)，应多久对消火栓进行一次外观和漏水检查？

答：每季度应对消火栓进行一次外观和漏水检查，发现有不正常的消火栓应及时更换。

45. 依据《消防安全标准化评分细则》(Q/QJB 333A—2022)，高层民用建筑和人员密集场所，疏散平面图应设置在什么位置？指示图上应标明哪些内容？

答：在高层民用建筑和旅馆、餐饮场所、商店、医院、公共娱乐场所等各楼层的明显位置应设置安全疏散指示图。指示图上应标明疏散路线、安全出口、人员所在位置和必要的文字说明。

46. 消防安全“四懂、四会”分别指的是什么？

答：四懂：懂火灾的危害性、懂逃生方法、懂扑救方法和懂火灾预防措施。四会：会报火警(电话号码：119)、会灭初起火灾、会逃生和会正确使用消防器材。

47. 危险化学品火灾如何扑救?

答: 危险化学品火灾扑救方法如下:

（1）扑救可燃和助燃气体火灾时，要先关闭管道阀门，用水冷却其容器、管道，用干粉、砂土扑灭火焰。

（2）扑救易燃和可燃液体火灾，用泡沫、干粉、二氧化碳扑灭火焰，同时用水冷却容器四周，防止容器膨胀爆炸。但酸、醚、酮等溶于水的易燃液体火灾，应该用抗溶性泡沫扑救。

（3）扑救易燃和可燃固体火灾，可用泡沫、干粉、砂土、二氧化碳或雾状水。

（4）扑救自燃性物质火灾，可用水、干粉、砂土、二氧化碳。

（5）扑救遇水燃烧物质火灾，可用干粉、干砂土。

（6）扑救氧化剂类的火灾，可用干粉、水、二氧化碳。

第二部分　应知应会试题

一、选择题

1. 下列不属于消防设施的是（　　）。

A．变配电设施

B．安全疏散设施

C．消火栓系统

D．应急照明

【答案】A

2.（　　）应当对专职消防队、志愿消防队等消防组织进行业务指导。

A．应急管理部门

B．人力资源部

C．消防救援机构

D．企业

【答案】C

3. 人员密集场所使用不合格的消防产品或者国家明令淘汰的消防产品的，责令限期改正；逾期不改正的，处五千元以上五万元以下罚款，并对其直接负责的主管人员和其他直接责任人员处（　　）罚款；情节严重的，责令停产停业。

A．五百元以上二千元以下

B．五百元以上一千元以下

C．一千元以上二千元以下

D．一千元以上三千元以下

【答案】A

4．依据《机关、团体、企业、事业单位消防安全管理规定》（中华人民共和国公安部令第 61 号），单位应当将（　　）确定为消防安全重点部位。

A．容易发生火灾

B．一旦发生火灾可能严重危及人身和财产安全

C．对消防安全有重大影响的部位

D．以上选项都对

【答案】D

5．将化工生产车间，油漆、烘烤、熬炼、木工、电焊气割操作间等作为消防安全重点部位，是依据（　　）确定的。

A．容易发生火灾的部位

B．发生火灾后对消防安全有重大影响的部位

C．性质重要、发生事故影响全局的部位

D．人员集中的部位

【答案】A

6．将托儿所、集体宿舍、医院病房等作为消防安全重点部位，是依据（　　）确定的。

A．容易发生火灾的部位

B．发生火灾后对消防安全有重大影响的部位

C．性质重要、发生事故影响全局的部位

D．人员集中的部位

【答案】D

7．将消防控制室、消防水泵房等作为消防安全重点部位，是依据（　　）确定的。

A．容易发生火灾的部位

B．发生火灾后对消防安全有重大影响的部位

C．性质重要、发生事故影响全局的部位

D．人员集中的部位

【答案】B

8．下列部位中，应按消防安全重点部位要求进行管理的是（　　）。

A．职工之家

B．会议室

C．办公室

D．消防控制室

【答案】D

9．依据《生产安全事故报告和调查处理条例》，根据生产安全事故造成的人员伤亡或者直接经济损失，事故一般分为（　　）个等级。

A．1

B．2

C．3

D．4

【答案】D

10．高层公共建筑内的单位应当（　　）至少对员工开展一次消防安全教育培训。

A．每季度

B．每半年

C．每年

D．每两年

【答案】B

11．生产的火灾危险性应根据生产中使用的或产生的物质性质及其数量等因素划分，可分为（　　）类。

A．Ⅰ、Ⅱ、Ⅲ

B．甲、乙、丙

C．甲、乙、丙、丁

D．甲、乙、丙、丁、戊

【答案】D

12．下列储存物品中属于甲类火灾危险性的是（　　）。

A．闪点小于 28 ℃的液体

B．闪点不小于 28 ℃，但小于 60 ℃的液体

C．闪点不小于 60 ℃的液体

D．难燃烧物品

【答案】A

13．消防电梯从首层到顶层的运行时间不宜大于（　　）s。

A．30

B．45

C．60

D．90

【答案】C

14．某场所配置的灭火器型号为“MT5”，该灭火器类型、规格、灭火级别的说明正确的是（　　）。

A．该灭火器是 5 kg 手提式二氧化碳灭火器，灭火级别 55B

B．该灭火器是 5 L 手提式二氧化碳灭火器，灭火级别 55B

C．该灭火器是 5 L 手提式二氧化碳灭火器，灭火级别 34B

D．该灭火器是 5 kg 手提式二氧化碳灭火器，灭火级别 34B

【答案】D

15．灭火器的选择应考虑哪些因素？（　　）

A．灭火器配置场所的火灾种类和危险等级

B．灭火器的灭火效能和通用性、灭火剂对保护物品的污损程度

C．灭火器设置点的环境温度、使用灭火器人员的体能

D．以上都对

【答案】D

16．下面关于场所灭火器检查周期描述错误的是（　　）。

A．配电室的灭火器检查周期为一个月

B．地下室的灭火器检查周期为一个月

C．锅炉房的灭火器检查周期为半个月

D．消防控制室的灭火器检查周期为半个月

【答案】B

17．带电设备电压超过（　　）且灭火时不能断电的场所不应使用灭火器带电扑救。

A．1 kV

B．2 kV

C．3 kV

D．5 kV

【答案】A

18．灭火器设置点的位置和数量应根据被保护对象的情况和灭火器的最大保护距离确定，并应保证最不利点至少在（　　）灭火器的保护范围内。

A．1 具

B．2 具

C．4 具

D．6 具

【答案】A

19．一个计算单元内配置的灭火器数量应经计算确定且不应少于（　　）具。

A．1

B．2

C．3

D．4

【答案】B

20．当灭火器配置场所的（　　）发生变化时，应校核或重新配置灭火器。

A．火灾种类

B．危险等级

C．建（构）筑物总平面布局或平面布置

D．以上都对

【答案】D

21．符合下列情形之一的灭火器应报废（　　）。

A．外观完好，插销、铅封完好在位

B．筒体明显变形，机械损伤严重

C. 灭火器压力表指针指示在绿色区域

D. 软管无龟裂，瓶底无严重生锈

【答案】B

22. 干粉灭火器最大报废期限是（　　）。

A. 6 年

B. 8 年

C. 10 年

D. 12 年

【答案】C

23. 二氧化碳灭火器最大报废期限是（　　）。

A. 6 年

B. 8 年

C. 10 年

D. 12 年

【答案】D

24. 下列关于灭火器报废年限的叙述中，错误的是（　　）。

A. 水基型灭火器出厂期满 6 年予以报废处理

B. 干粉灭火器、洁净气体灭火器出厂期满 10 年予以报废处理

C. 二氧化碳灭火器出厂期满 12 年予以报废处理

D. 水基型灭火器出厂期满 3 年予以报废处理

【答案】D

25. 下列关于消防电梯的说法错误的是（　　）。

A. 应能在所服务区域每层停靠

B. 电梯的载重量不应小于 1000 kg

C．轿厢内部应设置专用消防对讲电话

D．在消防电梯的首层入口处，应设置明显的标识和供消防救援人员专用的操作按钮

【答案】B

26．在（　　）内不应使用瓶装液化石油气。

A．单层建筑

B．多层建筑

C．高层建筑

D．以上都对

【答案】C

27．充装量不小于（　　）的液化石油气容器应设置在所服务建筑外的单层专用房间内，并应采取防火措施。

A．20 kg

B．30 kg

C．50 kg

D．100 kg

【答案】C

28．灭火器配置场所的火灾种类中A类火灾表示的是（　　）。

A．气体火灾

B．金属火灾

C．固体物质火灾

D．液体火灾

【答案】C

29．灭火器配置场所的火灾种类中D类火灾表示的是

(　　)。

A．气体火灾

B．金属火灾

C．固体物质火灾

D．液体火灾

【答案】B

30．消防安全重点单位应当按照灭火和应急疏散预案，至少每（　　）年进行 1 次演练，并结合实际，不断完善预案。

A．半

B．1

C．2

D．3

【答案】A

31．下列关于开展灭火和疏散逃生演练活动的做法中，错误的是（　　）。

A．火灾确认后，单位应于 1 min 内形成灭火第二战斗力量

B．电话或火灾报警按钮附近的员工拨打“119”电话报警

C．现场警戒组要阻止无关人员进入火场，维持火场秩序

D．人员密集场所应在主要出入口张贴消防安全疏散图和消防器材设施分布图

【答案】A

32．以下（　　）不属于志愿消防队应履行的职责。

A．熟悉单位基本情况

B．维护保养消防器材装备

C．定期开展灭火救援技能训练

D．参加日常防火巡查

【答案】B

33．消防安全重点单位应当进行（　　）防火巡查，防火巡查应当明确巡查的人员、内容、部位和频次。

A．每日

B．每周

C．每月

D．每季度

【答案】A

34．每个科研生产部门、车间、分支机构应按不低于在岗人员（　　）的比例配备志愿消防员，并应掌握一定的灭火技能。

A．15%

B．20%

C．30%

D．25%

【答案】C

35．应至少（　　）对室外消火栓进行一次外观和漏水检查。

A．每个月

B．每季度

C．每半年

D．每年

【答案】B

二、判断题

1．违反消防安全规定进入生产、储存易燃易爆危险品场所的，处警告或者五百元以下罚款；情节严重的，处五日以下拘留。

【答案】√

2. 消防安全重点单位应当对职工进行岗前消防安全培训，定期组织消防安全培训和消防演练。

【答案】√

3. 单位专职消防队、志愿消防队参加扑救外单位火灾所损耗的燃料、灭火剂和器材、装备等，由火灾发生地的人民政府给予补偿。

【答案】√

4. 重大事故，是指造成3人以上30人以下死亡，或者50人以上100人以下重伤，或者5000万元以上1亿元以下直接经济损失的事故。

【答案】×

5. 推车式灭火器应设置在台阶上。在没有外力作用下，推车式灭火器不得自行滑动。

【答案】×

6. 计算单元中每个灭火器设置点的灭火器配置数量应根据配置场所内的可燃物分布情况确定。

【答案】√

7. 灭火器应设置在位置明显和便于取用的地点，且不应影响人员安全疏散。

【答案】√

8. 被火烧过的灭火器经维修后可以继续使用。

【答案】×

9. 当灭火器确需设置在有视线障碍的设置点时，应设置指示灭火器位置的醒目标志。

【答案】√

10. 当配置场所存在多种火灾时，应选用能同时适用扑救该场所所有种类火灾的灭火器。

【答案】√

11. 消防水泵控制柜位于消防水泵控制室内时，其防护等级不应低于 IP50。

【答案】×

12. 消防水泵控制柜在平时应使消防水泵处于自动启泵状态。

【答案】√

13. 无特殊工艺要求的甲、乙类生产场所可以设置在地下或半地下。

【答案】×

14. 除住宅建筑的燃气用气部位外，建筑内可能散发可燃气体、可燃蒸气的场所应设置可燃气体探测报警装置。

【答案】√

15. 防火门、防火窗应具有自动关闭的功能，在关闭后应具有烟密闭的性能。

【答案】√

16. 甲、乙类生产场所的送风设备，应当与排风设备设置在同一通风机房内。

【答案】×

17. 灭火和应急疏散预案应明确通信联络组、灭火行动组、疏散引导组、防护救护组、安全保卫组、后勤保障组等行动机构。

【答案】√

18. 志愿消防队员应熟悉本单位消防安全基本情况、应急疏散预案及消防设施设置情况。

【答案】√

19. 电动车充电区域内配备灭火器的情况下，可以堆放可燃物。

【答案】×

20. 在高层民用建筑和旅馆、餐饮场所、商店、医院、公共娱乐场所等各楼层的明显位置应设置安全疏散指示图。指示图上应标明疏散路线、安全出口、人员所在位置和必要的文字说明。

【答案】√

三、简答题

1. 依据《重大火灾隐患判定方法》(GB 35181—2017)，重大火灾隐患的定义是什么?

【答案】重大火灾隐患是违反消防法律法规、不符合消防技术标准，可能导致火灾发生或火灾危害增大，并由此可能造成重大、特别重大火灾事故或严重社会影响的各类潜在不安全因素。

2. 请简述灭火器应进行报废处理的几种情形。(至少列举5条)

【答案】存在以下情况均视为报废灭火器:

(1)筒体锈蚀面积大于或等于筒体总表面积的1/3，表面有凹坑;

(2)筒体明显变形，机械损伤严重;

(3)器头存在裂纹、无泄压机构;

(4)存在筒体为平底等结构不合理现象;

(5)没有间歇喷射机构的手提式灭火器;

(6)不能确认生产单位名称和出厂时间，包括铭牌脱落，铭牌模糊、不能分辨生产单位名称，出厂时间钢印无法识别等；

（7）筒体有锡焊、铜焊或补缀等修补痕迹；

（8）被火烧过；

（9）出厂时间达到或超过规定的最大报废期限。

3. 什么是志愿消防队？

【答案】 志愿消防队是由志愿人员组成，平时有自己主要职业、不在消防站或规定场所备勤，但能在接到火警出动信息后迅速集结、参加灭火救援的消防组织。

4. 企业专职或志愿消防队、微型消防站队员应履行哪些消防安全职责？

【答案】 企业专职或志愿消防队、微型消防站队员应履行的消防安全职责包括：

（1）熟悉单位基本情况、灭火和应急救援疏散预案、消防安全重点部位及消防设施器材设置情况；

（2）参加消防业务培训及消防演练，熟悉场所火灾危险性、火灾蔓延途径、消防设施器材、安全疏散路线；

（3）定期开展灭火救援技能训练，掌握常见火灾特点、处置方法及防护措施；

（4）发生火灾时，迅速集结，参加扑救火灾、疏散人员、保护现场等工作；

（5）根据单位安排，参加日常防火巡查和消防宣传教育。

5. 消防安全“四懂”“四会”是指什么？

【答案】 消防安全“四懂”是指懂火灾的危害性、懂逃生方法、懂扑救方法和懂火灾预防措施。

消防安全“四会”是指会报火警（电话号码：119）、会灭初起火灾、会逃生和会正确使用消防器材。

6．危险化学品火灾如何扑救？

【答案】危险化学品火灾的扑救方法有：

（1）扑救可燃和助燃气体火灾时，要先关闭管道阀门，用水冷却其容器、管道，用干粉、砂土扑灭火焰。

（2）扑救易燃和可燃液体火灾，用泡沫、干粉、二氧化碳扑灭火焰，同时用水冷却容器四周，防止容器膨胀爆炸。但酸、醚、酮等溶于水的易燃液体火灾，应该用抗溶性泡沫扑救。

（3）扑救易燃和可燃固体火灾，可用泡沫、干粉、砂土、二氧化碳或雾状水。

（4）扑救自燃性物质火灾，可用水、干粉、砂土、二氧化碳。

（5）扑救遇水燃烧物质火灾，可用干粉、干砂土。

（6）扑救氧化剂类的火灾，可用干粉、水、二氧化碳。

附　录　消防相关法律法规标准文件名录

《中华人民共和国刑法》

《中华人民共和国消防法》

《生产安全事故报告和调查处理条例》（国务院令第 493 号）

《公共娱乐场所消防安全管理规定》（中华人民共和国公安部令第 39 号）

《机关、团体、企业、事业单位消防安全管理规定》（中华人民共和国公安部令第 61 号）

《建设工程消防设计审查验收管理暂行规定》（中华人民共和国住房和城乡建设部令第 51 号）

《高层民用建筑消防安全管理规定》（中华人民共和国应急管理部令第 5 号）

《社会消防技术服务管理规定》（中华人民共和国应急管理部令第 7 号）

关于印发《消防安全重点单位微型消防站建设标准（试行）》、《社区微型消防站建设标准（试行）》的通知（公消〔2015〕301 号）

《消防救援局关于贯彻实施国家职业技能标准〈消防设施操作员〉的通知》（应急消〔2019〕154 号）

《安全色》（GB 2893—2008）

《消防水带》（GB 6246—2011）

《建筑消防设施的维护管理》（GB 25201—2010）

《消防控制室通用技术要求》（GB 25506—2010)

《消防员呼救器》（GB 27900—2011）

《危险化学品企业特殊作业安全规范》（GB 30871—2022）

《重大火灾隐患判定方法》（GB 35181—2017）

《建筑设计防火规范》[GB 50016—2014（2018 年版）]

《自动喷水灭火系统设计规范》（GB 50084—2017）

《火灾自动报警系统设计规范》（GB 50116—2013）

《建筑灭火器配置设计规范》（GB 50140—2005）

《二氧化碳灭火系统设计规范》[GB 50193—1993（2010 年版）]

《自动喷水灭火系统施工及验收规范》（GB 50261—2017）

《建筑灭火器配置验收及检查规范》（GB 50444—2008）

《建设工程施工现场消防安全技术规范》（GB 50720—2011）

《防火卷帘、防火门、防火窗施工及验收规范》（GB 50877—2014）

《消防给水及消火栓系统技术规范》（GB 50974—2014）

《消防应急照明和疏散指示系统技术标准》（GB 51309—2018）

《消防设施通用规范》（GB 55036—2022）

《建筑防火通用规范》（GB 55037—2022）

《火灾分类》（GB/T 4968—2008）

《呼吸防护用品的选择、使用与维护》（GB/T 18664—2022）

《社会单位灭火和应急疏散预案编制及实施导则》（GB/T 38315—2019）

《人员密集场所消防安全管理》（GB/T 40248—2021）

《单位消防安全管理规范》（DB32/T 4444—2023）

《化学品生产单位动火作业安全规范》（AQ 3022—2008）

《消防员个人防护装备配备标准》(GA 621—2013)

《气瓶安全技术规程》（TSG 23—2021）

《消防员灭火防护服》（XF 10—2014）

《正压式消防空气呼吸器》（XF 124—2013）

《消防腰斧》（XF 630—2006）

《高层建筑火灾扑救行动指南》（XF/T 1191—2014）

《消防安全标准化评分细则》（Q/QJB 333A—2022）

《消防安全重点部位分级管理要求》（Q/QJB 415—2021）